U0208930

大城市里的小水坑

邰明姝　著　　睡大宝　绘

上海文化出版社

前 言

Preview

　　这是一个多雨的五月，在城市一角被人遗忘的小树林里，春日暴雨蓄积的雨水，形成了一个小水坑。小水坑大约两米长，一米宽，周围长满了灌木，上方是棵高大的女贞。不少鸟儿慢慢发现了这个好地方，每天都来这里喝水、洗澡、觅食。棕背伯劳、灰喜鹊、山斑鸠、白腹鸫……数一数竟然有十几种之多。我在小水坑旁安装了一台红外相机，用镜头和鸟儿们共享这片小天地里的秘密。

　　白天，鸟儿们在水坑边叽叽喳喳，沐浴日光的温暖，感受树荫和水的清凉。

夜晚，鸟儿们不见了踪影，小水坑却有一位新客人悄悄来访。一向警惕的"黄大仙"难得放松紧绷的神经，悠哉悠哉地在水里泡起了澡。

　　"黄大仙"学名黄鼬，又称黄鼠狼，是一种体态纤长的小兽。春末夏初，天气日渐炎热，在这天然的小池塘里泡个澡，它一定感到很舒服吧。

半个月后，我在小水坑边放置了一面镜子，
想做一个小小的"镜子实验"[1]。

---

1 镜子实验（mirror test）：一种心理学实验，主要用来测试动物能不能认出镜子中的影像是自己。具体方法
是在动物身上自己看不见的地方涂抹颜料，如果动物照镜子发现自己身体有颜料，并开始检查、触摸自己的
身体，则表示动物认出了镜中的动物是自己，说明该动物具有自我意识。本书中的镜子实验为简化版。

清晨，灰胸竹鸡来到小水坑边散步。这是一种不太擅长飞行的大鸟，喜欢居住在干燥的矮树丛或竹林里。

突然它发现镜中有个和自己一样威武漂亮的同类时，好斗的本性立刻被激发出来。为了守卫自己的领地，它不停地对着镜子里的自己发出威胁性的鸣叫。当然，它无论怎样"吹胡子瞪眼睛"，都会得到同样的回应。

　　摸不着头脑的竹鸡离开后，聪明的乌鸫显然也发现了镜中自己的身影，吓得扑棱棱飞走了。

　　乌鸫是城市里常见的留鸟，外表黑黑的，不起眼，但是"智商高"，叫声也格外婉转动听。据说，明白镜中的影像是自己，才是动物有自我意识的体现。

不久，鸟儿们已经适应了镜子的存在。乌鸫继续长居此处，一只乌鸫的幼鸟每天都焦急地等待着亲鸟带早饭回来，终于，亲鸟把寻找回来的食物喂到宝宝的嘴里。

　　乌鸫的主食是虫子。

喜欢群居的丝光椋（liáng）鸟有时候也会来小水坑觅食。丝光椋鸟是中国特有的鸟类，白头红嘴，羽色蓝灰，低头踱步时，就像一位穿着蓝大褂的白头发老爷爷。

　　它们喜欢吃植物的果实、种子，也爱吃昆虫。不过，这群丝光椋鸟只是过境的客人，没几天就走了。

居住在小水坑周边最大的家族，是灰喜鹊。今年刚出生的灰喜鹊头顶还是白蒙蒙的，长大后才会变得乌黑油亮。灰喜鹊总喜欢聚在一起叽叽喳喳，打打闹闹，还喜欢去叼兄弟姐妹的尾巴。

灰喜鹊的叫声粗哑，特别难听，不过它们声音很大，还能担任小水坑的警卫工作。远处一旦有点风吹草动，灰喜鹊就会"嘎嘎"地报警。

夜晚，黄鼬全家出动，来喝水了。它们非常谨慎，不会在一个地方多停留片刻，即使在喝水时也不停地四处张望。

　　黄鼠狼宝宝毛色要比爸爸妈妈更深，胆子也更小些，一直躲在大树后面，探头探脑。

　　不过，到了秋天，它就应该能独立生活，独当一面了。从五月拍到的一只，到现在一起行动的四只，这个家族壮大了不少。

两只鹊鸲（qú）发现了这块风水宝地，在这里常住下来。

　　鹊鸲是典型的黑白色鸟类，外型有些像喜鹊，但是体型比喜鹊细小很多。鹊鸲生性活泼好动，是快乐的小家伙，脚下像安了弹簧，不仅喜欢跳来跳去，还很喜欢摇尾巴。

　　它黑白相间的尾羽经常像扇子一样在身后展开，还上下摇摆，有时候幅度很大，还会碰到自己的头。玩得高兴了，鹊鸲就会飞到屋顶或大树上，昂首翘尾地高声歌唱，叫声清脆响亮，特别好听。

　　八月，小水坑仿佛成了黑脸噪鹛的相亲场所，几乎每天都有黑脸噪鹛在这里追逐、求爱。黑脸噪鹛也是我国特有的一种鸟，戴着黑色"眼罩"，穿着棕色"外套"，屁股橘红，在野外很容易就被认出。

它们和灰喜鹊一样，是个大嗓门，时常喋喋不休地鸣叫，显得特别嘈杂，所以被称作"噪鹛"。

在小水坑边，两只雄性黑脸噪鹛打斗不休，一只雌性黑脸噪鹛在旁围观，谁赢了，它就和谁在一起。

盛夏，天气越来越热，蒸发量远大于降水量，一天大雨蓄积下来的雨水，到第二天中午就干涸了。小水坑没水了。

我发现小水坑旁边堆放了些周围工地废弃的水桶、托盘，便挑了两个比较完好的，拖过来，蓄接雨水，制造了一个简易的小水池。

一只花里胡哨的大鸟来喝水、洗澡，它叫怀氏虎鸫。顾名思义，这种鸟有像老虎一样漂亮的

花纹。头部和上体是金褐色和黑色的鳞状斑纹，下体白色且带有黑色的鳞状斑点。这一身花纹其实是很好的保护色，使得它们无论是在山林中还是野外，都不容易被发现。

怀氏虎鸫爱吃昆虫和无脊椎动物，擅长飞行，也能在地上迅速奔跑，是个穿迷彩服的运动健将。

　　白眉鸫和白腰文鸟最近也喜欢来这儿歇歇脚，它们都长得很有特点。白眉鸫有两条清晰的白色眉纹，胸口和两肋有鲜艳的橙色羽毛，好像穿了一件没有扣子的毛坎肩。白眉鸫不是华东地区的常驻鸟，每年四月末五月初会飞往东北繁殖地，九月底十月初再南迁越冬。

白腰文鸟体型比白眉鸫小很多，个性也完全不同。白眉鸫胆怯害羞，白腰文鸟则活泼好动。它们腰部腹部的羽毛呈黄白色，所以叫白腰文鸟。

　　白腰文鸟喜欢成群结队地飞到农田吃谷子，也喜欢十几只一起栖息在旧巢里，所以又有个名字叫"十姐妹"。

不知不觉到了秋天，十一月，小水坑迎来一大群圆头圆脑的小家伙:棕头鸦雀。它们身材娇小，就像小婴儿的拳头那么大，一身橄榄棕色的羽毛，只有头顶和翅膀是棕红色的。

它们性格活泼大胆，在草地间又唱又跳，就像一群翻滚的小毛球，可爱极了。棕头鸦雀喜欢集群在灌木丛中窜动。它们来去如风，不会在这里停留太久。

　　秋天，好久没下雨，水又要干涸了，一只找水喝的斑头鸺鹠（xiū liú）来到小水坑。斑头鸺鹠是体型较小的一种猫头鹰，因为羽毛上有许多条纹，所以又叫横纹鸺鹠。这种猛禽目前数量稀少，是国家二级保护动物。

　　它不但能在夜晚活动，而且在白天强烈的阳光下也可以自由地飞翔。斑头鸺鹠一般生活在远离居民区的市郊山林。万万没想到，这个城市里的小水坑还有机会招待它呢。

晚上，一只小刺猬出现在镜头里。这是一只东北刺猬，体形圆润，黑溜溜的小眼睛，宽头尖吻，一身密布的棘刺。它摇着短小的尾巴，行动很敏捷呢。

虽说名字里面有"东北"二字，但它们广泛地分布在珠江以北的中国东部地区，几乎遍及所有城市。不过这是它在秋天唯一一次亮相，大概第二天就找了堆落叶，冬眠去了。

十二月，两只外形标致的黑领椋鸟发现了小水坑。它们脾气真是大得很，刚来就和"土著"吵架。

黑领椋鸟是椋鸟中的大个子，脖颈一圈黑色的羽毛，形成领环，并因此而得名。它们叫声尖锐粗嘎，还会模仿别的鸟叫，完全靠叫声在气势上压倒了"土著"乌鸫。

常住在此的山斑鸠倒是非常和气，幼鸟向亲鸟索食像跳舞一样好看。

　　山斑鸠是常见的城市鸟类，常常被人们误认为野鸽子，因为叫声又经常被当作是布谷鸟。其实，只要认准颈项一侧的黑白条纹，就可以准确地识别出它。

秋去冬来，新的一年就要来到，伴随新一年来到的还有漫天飞雪。水都结冰了，冻得很结实。

　　不怕冷的鸟照常前来喝水，喝不到水明显很失望，只有勇猛的喜鹊努力自己破冰。喜鹊是适应环境的小能手，在荒野、农田、郊区和城市，都能看到它们的身影。

它们不但能自己破冰，还不惧怕猛禽，常常驱赶进入领地的其他凶悍鸟类。喜鹊智商很高，据说是目前唯一通过了镜子测试的非哺乳动物。

　　二月，小水坑隔壁几座大厦开工了，小树林
被砍伐得只剩下原来的六分之一。小动物们只能
居住在仅存的小块绿地里，红外相机第一次拍到
华南兔，我不知道是该高兴还是难过。

　　转眼又是一个春天，小刺猬结束冬眠，出现在小水坑边。谈恋爱的季节到了，山斑鸠开始追逐心中的女神。终于，我的相机第一次拍摄到环颈雉（zhì）夫妇。不知不觉间，小水坑经历了四季轮转，春夏秋冬。

后 记

我们身边从不缺少生命的陪伴，即使在我居住的这座古老又繁华的华东城市，在高楼大厦和喧嚣马路的小小夹缝中，一年里，我的红外相机依然记录了三十四种鸟类和三种哺乳动物；还有和它们共同生活的，未被记录的两栖动物和昆虫。它们都是我们的野生动物邻居，有着不同的可爱之处和生存智慧，和我们一起共享着这片家园。

城市其实可以承载野生动物在这里栖息，但是在人类生存空间的不断挤压下，它们能行走的小天地日益逼仄，它们需要我们更多的了解和关心。

感谢阅读小水坑的故事，自然是我们的家，也是动物们的家，关注自然，了解自然，保护自然，让我们从身边开始！

一年之中，
出现在这个小水坑的动物

鸟 类

丝光椋鸟
（*Spodiopsar sericeus*）

鹊鸲
（*Copsychus saularis*）

乌鸫
（*Turdus mandarinus*）

黑脸噪鹛
（*Pterorhinus perspicillatus*）

怀氏虎鸫

（*Zoothera aurea*）

灰胸竹鸡

（*Bambusicola thoracicus*）

白腰文鸟

（*Lonchura striata*）

灰喜鹊

（*Cyanopica cyanus*）

黑领椋鸟

（*Gracupica nigricollis*）

山斑鸠
（*Streptopelia orientalis*）

喜鹊
（*Pica serica*）

棕头鸦雀
（*Sinosuthora webbiana*）

环颈雉
（*Phasianus colchicus*）

斑头鸺鹠
（*Glaucidium cuculoides*）

华南兔

(*Lepus sinensis*)

哺 乳 动 物

东北刺猬

(*Erinaceus amurensis*)

黄鼬

(*Mustela sibirica*)

图书在版编目（ＣＩＰ）数据

大城市里的小水坑 / 邰明姝著；睡大宝绘 . -- 上
海：上海文化出版社，2022.9
　ISBN 978-7-5535-2550-1

　　Ⅰ . ①大… Ⅱ . ①邰… ②睡… Ⅲ . ①动物－儿童读
物 Ⅳ . ① Q95-49

中国版本图书馆 CIP 数据核字 (2022) 第 125783 号

出 版 人　姜 逸 青
策　　划　童朵文化
责任编辑　王 茗 斐

书　　名　大城市里的小水坑
作　　者　邰明姝 著 睡大宝 绘
出　　版　上海世纪出版集团 上海文化出版社
地　　址　上海市闵行区号景路 159 弄 A 座 3 楼 201101
发　　行　上海文艺出版社发行中心
　　　　　上海市闵行区号景路 159 弄 A 座 2 楼 201101
　　　　　www.ewen.cc
印　　刷　深圳市福圣印刷有限公司
开　　本　787×1092 1/16
印　　张　3.25
印　　次　2022 年 9 月第一版 2022 年 9 月第一次印刷
书　　号　ISBN 978-7-5535-2550-1/Q.011
定　　价　59.00 元

敬告读者 如发现本书有质量问题请联系：136 8189 9214